全民应急避险科普丛书

QUANMIN YINGJI BIXIAN KEPU CONGSHU

U0351407

# 气象水文 灾害防御 及应急避险指南

QIXIANG SHUIWEN ZAIHAI FANGYU

JI YINGJI BIXIAN ZHINAN

中国安全生产科学研究院　编

中国劳动社会保障出版社

**图书在版编目（CIP）数据**

气象水文灾害防御及应急避险指南/中国安全生产科学研究院编. -- 北京：中国劳动社会保障出版社，2020
（全民应急避险科普丛书）
ISBN 978-7-5167-4152-8

Ⅰ.①气…　Ⅱ.①中…　Ⅲ.①水灾 - 灾害防治 - 指南　Ⅳ.①P426.616

中国版本图书馆 CIP 数据核字（2020）第 149269 号

**中国劳动社会保障出版社出版发行**
（北京市惠新东街 1 号　邮政编码：100029）

\*

北京市白帆印务有限公司印刷装订　　新华书店经销
787 毫米×1092 毫米　32 开本　3.75 印张　61 千字
2020 年 9 月第 1 版　　2024 年 5 月第 5 次印刷
定价：15.00 元

营销中心电话：400-606-6496
出版社网址：http://www.class.com.cn

# 编 委 会

# 前　言

　　我国幅员辽阔，由于受复杂的自然地理环境和气候条件的影响，一直是世界上自然灾害非常严重的国家之一，灾害种类多、分布地域广、发生频次高、造成损失重。同时，我国各类事故隐患和安全风险交织叠加。在我国经济社会快速发展的同时，事故灾难等突发事件给人们的生命财产带来巨大损失。

　　党的十八大以来，以习近平同志为核心的党中央高度重视应急管理工作，习近平总书记对应急管理工作作出了一系列重要指示，为做好新时代公共安全与应急管理工作提供了行动指南。2018 年 3 月，第十三届全国人民代表大会第一次会议批准的国务院机构改革方案提出组建中华人民共和国应急管理部。2019 年 11 月，习近平总书记在中央政治局第十九次集体学习时强调，要着力做好重特大突发事件应对准备工作。既要有防范风险的先手，也要有应对和化解风险挑战的高招；既要打好防范和抵御风险的有准备之战，也要打好化险为夷、转危为机的战略主动战。因此，做好安全应急避险科普工作，既是一项迫切的工作，又是一项长期的任务。

面向全民普及安全应急避险和自护自救等知识，强化安全意识，提升安全素质，切实提高公众应对突发事件的应急避险能力，是全社会的责任。为此，中国安全生产科学研究院组织相关专家策划编写了《全民应急避险科普丛书》（共12分册），这套丛书坚持实际、实用、实效的原则，内容通俗易懂、形式生动活泼，具有针对性和实用性，力求成为全民安全应急避险的"科学指南"。

我们坚信，通过全社会的共同努力和通力配合，向全民宣传普及安全应急避险知识和应对突发事件的科学有效的方法，全民的应急意识和避险能力必将逐步提高，人民的生命财产安全必将得到有效保护，人民群众的获得感、幸福感、安全感必将不断增强。

编者

2020 年 8 月

# 目 录

Mulu

# 一、气象水文灾害基本情况

Qixiang Shuiwen Zaihai Jiben Qingkuang

# 气象水文灾害基本情况

1. 我国气象水文灾害现状
2. 我国气象水文灾害的主要类型及特点
3. 我国气象水文灾害频发的原因

气象水文灾害是指在地球的大气运动和水文循环过程中所引发的各类灾害，包括干旱、暴雨洪涝、台风、寒潮、冰雹、雪灾、雷电、沙尘暴、雾/霾、高温热浪等。在各种自然灾害中，气象水文灾害的发生频次较高，它们不仅产生直接危害，还能引发很多次生灾害，对人类生命财产安全构成很大威胁，也会给社会造成巨大损失。

　　20世纪90年代以来，全球气候变暖导致极端天气气候事件发生的频次和强度呈上升趋势，对社会发展的影响日益加剧，给国家安全、经济发展、生态环境以及人类健康带来了严重威胁。因此，更加系统和科学地认识气象水文灾害，积极探索和普及气象水文灾害的防御和应急避险措施，是当前防灾减灾工作的一项重要任务。

## 1. 我国气象水文灾害现状

　　我国地处东亚季风区，是一个季风气候特点显著的国家。同时，我国地域辽阔，地形复杂，既有"世界屋脊"青藏高原，又有西北地区大面积沙漠和干旱、半干旱地带，而长江流域及其以南地区又是洪涝频发区。受地理位置、地貌及气候特征等因素的多重影响，我国灾害种类繁多，并且灾害频发、分布广、损失大，是世界上气象水文灾害非常严重的国家之一。暴雨洪涝、干旱、台风、寒潮、冰雹、雪灾是我国常发的气象水文灾害。其中，又以暴雨洪涝、干旱、台风等灾害的影响最大。

气候观测结果已表明，在气候持续变化的背景下，我国极端天气气候事件（台风、干旱、暴雨洪涝、寒潮、冰雹、高温热浪和沙尘暴等）出现频次与强度明显上升，如2008年南方地区的低温雨雪冰冻灾害、2010年的西南干旱、2012年的北京暴雨灾害等。一般年份气象水文灾害频次占自然灾害的70%以上。

应急管理部和国家减灾委办公室最新发布的数据显示，2019年，我国自然灾害以洪涝、台风、干旱、地震、地质灾害为主，森林草原火灾和冰雹、低温冷冻、雪灾等灾害也有不同程度发生。全年相继发生青海省玉树雪灾、四川省木里森林火灾、山西省乡宁和贵州省水城山体滑坡、四川省长宁6.0级地震、超强台风"利奇马"、主汛期南方多省暴雨洪涝、南方地区夏秋冬连旱等重大自然灾害。各种自然灾害共造成1.3亿人次受灾，909人死亡、失踪，528.6万人次紧急转移安置；12.6万间房屋倒塌，28.4万间严重损坏，98.4万间一般损坏；农作物受灾面积19 256.9千公顷，其中绝收2 802千公顷；直接经济损失3 270.9亿元。由此可见，自然灾害，特别是气象水文灾害已成为严重威胁我国人民生命财产安全和社会发展的重要因素。

## 2. 我国气象水文灾害的主要类型及特点

我国常发的气象水文灾害包括台风、暴雨洪涝、干旱、冰雹、雷电、雪灾、寒潮、沙尘暴、高温热浪、雾/霾等。综合来看，我国气象水文灾害有以下特点：

🖱 种类多。

🖱 波及范围广。

🖱 突发性强，预测、预报和防御难度大。

🖱 来势猛、成灾快、破坏性强、经济损失大，并容易造成人员伤亡。

🖱 具有一定的周期性、季节性和交替性，发生频次多。

🖱 区域地带性特征明显，易发性强，持续时间长。

🖱 灾害连锁反应显著。

## 3. 我国气象水文灾害频发的原因

我国是一个气象水文灾害发生极其频繁的国家。气象水文灾害之所以种类多、分布广、发生频次高、危害严重，与我国极其复杂的自然地理环境、人文环境以及全球气候变化大背景密切相关。

我国气象水文灾害频发有以下原因：

（1）地域辽阔，地理区位特殊

我国地域辽阔，陆地面积约为960万平方千米，约占地球陆地总面积的6.5%，辽阔的地域为自然灾害尤其是气象水文灾害的孕育和发生提供了可能。

我国位于全球最大陆地——欧亚大陆的东岸和全球最大海洋——太平洋的西岸，西南地区距离印度洋也不远，季风气候显著，加之青藏高原高大地势的影响，形成了强盛的季风环流。每年季风的更替，使我国气候呈现出由东部海洋性湿润气候至西部大陆性干旱气候间的水平变化，东西方向的干湿差异颇为显著。

（2）季风气候明显，类型复杂多样

我国气候有3个基本特点：一是地带性规律。由于太阳入射角的不同，导致地面太阳辐射能和温度特别是冬季温度，以及植被、土壤等呈带状的南北方向分布差异，即表现出纬度地带性差异；受海陆位置的影响，随距离海洋的远近，地表干湿状况有东西差异，即表现出经度地带性差异；我国地形复杂、山脉纵横，使气候的区域地带性规律更加复杂，往往在不同范围内形成气候差异。二是大陆性季风气候明显。我国冬、夏盛行风向有显著变化，季风在一年之中的更替，对于我国自然地理环境和地域差异的形成，以及气象水文灾害的形成与发展，起着非常重要的

作用。三是水热条件的空间差异很大。气温方面，东部地区气温基本上自南向北随纬度升高而降低；而西部地区的气温分布，在很大程度上受地形和海拔因素的支配，主要是青藏高原地势高，随着海拔和纬度的降低，气温由西北向东南逐渐升高。此外，季风的更替使地表气温变化更为复杂。降水方面，我国大气中的水汽主要来自暖湿的海洋季风，全国降水量的分布大致与距离海洋的远近成正比，距离海洋越远，降水越少、气候越干旱。东部季风区虽然受季风的惠泽，但是，夏季季风每年来临的迟早、强弱以及持续时间长短等常常会导致降水过多或降水不足，引起暴雨洪涝或干旱，对季风区域农业生产造成较大影响。

（3）地势西高东低，地貌复杂多样

我国是一个多山的国家，山地、高原和丘陵的总面积约占全国土地总面积的65%。我国地势西高东低，自西向东呈阶梯状斜面，这是我国地貌轮廓的显著特征。全新世初期青藏高原的隆升导致了现代蒙古—西伯利亚高气压中心以及季风气候系统的全面形成，使得我国整体自然地理环境也发生了东部季风区、西北干旱区和青藏高原区的分化，从热力和动力两个方面影响我国各地的气候，对我国自然地理环境影响深刻。

（4）人类活动与自然环境的相互影响

我国是农业大国，人口众多，人类活动对自然环境的影响巨大。在享受改造自然环境带来的丰硕成果的同时，人类活动也给自然环境带来许多不利的影响。随着我国人口的不断增加，土地利用程度也在不断提高，许多地区由于滥垦、滥牧、滥伐等掠夺性的利用方式，造成森林、牧场和耕地的破坏以及水土流失，从而进一步加剧了气象水

文灾害的发生。

（5）全球气候变化的影响

按照联合国政府间气候变化专门委员会（IPCC）的评估，在过去的一个世纪，全球表面平均温度已经上升了0.3~0.6℃，全球海平面上升了10~25厘米。气候变化可能给全球带来频繁的气象水文灾害，如过多的降雨、大范围的干旱和持续的高温等，会造成大规模的灾害损失。

气候变化也会对我国造成严重的影响，总体上我国的气候变暖趋势冬季强于夏季。在北方和西部的温暖地区以及沿海地区降水量将会增加，长江、黄河等流域的洪水暴发频次会更高；东南沿海地区台风和暴雨也将更为频繁，导致洪涝发生概率增高；春季和初夏许多地区干旱加剧，干热风频繁，土壤水分蒸发量上升；海平面上升最严重的影响是增加风暴潮和台风发生的频次和强度，海水入侵和海岸带侵蚀也将引起巨大损失。

# 二、气象水文灾害的分布特征及其危害

Qixiang Shuiwen Zaihai De Fenbu Tezheng Jiqi Weihai

# 气象水文灾害的分布特征及其危害

1. 台风
2. 暴雨洪涝
3. 干旱
4. 冰雹
5. 雷电
6. 雪灾
7. 寒潮
8. 沙尘暴
9. 高温热浪
10. 雾 / 霾

# 1. 台风

台风属热带气旋的一种，是发生在热带或副热带洋面上的低压涡旋，是一种强大而深厚的热带天气系统。我国把南海与西北太平洋的热带气旋按其底层中心附近最大平均风力（风速）大小划分为6个等级，其中风力达12级及以上的，统称为"台风"。

据统计，2018年我国台风灾害共造成全国3 260多万人受灾、80人死亡、3人失踪、360多万人紧急转移安置、2.4万间房屋倒塌、4.3万间房屋严重损坏，直接经济损失697.3亿元。

（1）分布特征

影响我国的台风路径一般有两条，一是太平洋台风路径，二是南海台风路径。从空间分布上来看，台风登陆我国的地点几乎遍及沿海地区，其中，登陆广东省的次数最多，占到40%以上，其次为台湾省、海南省、福建省和浙江省。影响我国的台风每年平均有17次左右，最多年份将近30次。年内分布上，7—9月是台风登陆我国的集中期，其中7月最多，8月和9月次之。

（2）主要危害

影响我国大陆的台风中，约85%会带来平均风力在

15

6级以上甚至8级以上阵风，并呈现沿海大、内陆小的特征。此外，台风还常常会带来暴雨、大暴雨甚至是特大暴雨。

台风登陆会带来大风及暴雨。

台风登陆带来的大风及暴雨引发的灾害会对各行业造成严重影响。

🪣 农业：粮食作物、果树林木等经济作物因台风倒伏或因大风及暴雨淹没，遭受渍涝。

🪣 渔业：鱼塘被淹没，鱼苗被冲走。

🪣 建（构）筑物：居民房屋倒塌、受损，港口、堤岸、路基、桥梁等被损坏。

🐭 海上设施：海上作业设施、船舶受损。

🐭 交通运输：铁路、公路、航道等被破坏，使运输中断，引发交通事故。

🐭 城市设施：城市建筑工程设施、公共基础设施、高层建筑、绿化设施及路边广告牌等受损。

🐭 水利工程设施：冲毁排灌渠道，造成垮坝，水力发电设施等受损。

🐭 生命线工程：电力、水利、供气、通信等设施受损，水、电、气和通信中断。

## 2.暴雨洪涝

暴雨洪涝是指长时间降水过多，或区域性持续的大雨（日降水量25.0~49.9毫米）、暴雨（日降水量≥50毫米）及以上强度降水，以及局地短时强降水引起的江河洪水泛滥，包括中小河流洪水、山洪和内涝。

（1）分布特征

从空间分布来看，我国的暴雨洪涝灾害多发生在江淮以南以及华南沿海地区，其中江南北部及长江中下游最多。但2018年我国洪涝灾害呈现"北增南减"态势，西北地区、华北地区、内蒙古自治区以及黑龙江省部分地区降水较常年偏多30%~80%，南方大部分地区降水量与常年持平或偏少，浙江、福建、江西、湖北、湖南等省洪涝灾情明显减轻。此外，长时间、大范围的连阴雨或频繁的暴雨也会引发洪涝灾害。

从时间分布来看，我国大部分地区的降水多集中在4—9月，东南沿海地区的洪涝集中在5—9月；江南地区的洪涝集中在5—7月，其中部分地区甚至提前至4月；江淮、江汉、黄淮等地区的洪涝集中在6—8月；华北地区至东北地区的洪涝集中在7—8月，其中部分地区为6—8月。

（2）主要危害

暴雨常导致山洪暴发、水库垮坝、江河横溢、房屋被冲塌、农田被淹没、交通和通信联络中断，给国民经济和人民的生命财产安全带来严重危害。据国家民政部门统计，近10年来我国大陆平均每年暴雨洪涝灾害造成的粮食损失约200亿千克，经济损失近2 000亿元。

暴雨洪涝对各行业造成的影响主要包括以下几方面：

🗑 农业：淹没农田，形成渍涝危害，造成农作物减产甚至绝收。

🗑 工业：淹没厂房、设备、物资等，造成停水、停电，企业停工停产。

🗑 交通运输业：对铁路和公路运输影响较大，表现在破坏道路、中断运输，甚至引发交通事故，导致人员伤亡。

🗑 水利工程：严重破坏水利设施，包括垮坝、冲毁排灌渠道、破坏发电设施等。

🗑 城市设施：容易引起城市内涝，淹没房屋和公共基础设施，导致交通瘫痪，居民生产和生活不能正常进行。

# 3. 干旱

干旱是指因一段时间内少雨或无雨，降水量较常年同期明显偏小、温度异常偏高等气象要素变化，作用于农业、水资源、生态和社会经济等人类赖以生存和发展的基础条件，并对生命财产和人类生存条件造成负面影响的自然灾害。干旱的发生与许多因素有关，如降水、蒸发、气温、土壤墒情、灌溉条件、种植结构等。

（1）分布特征

我国的五大干旱中心分别是黄淮海地区、东北地区西部、长江中下游和华南地区、西南地区西南部、西北地区。其中，东北地区的西南部、西北地区东部、黄淮海地区、四川省南部和云南省是干旱发生频次最高的地区；内蒙古自治区东部、东北地区中部和华南地区南部等地干旱发生频次也较高；长江以南和华南地区南部以北之间的区域干旱也时有发生。春、夏旱主要发生在黄淮海地区和西北地区；夏、秋旱的发生地区则转移到长江流域，直至南岭以北；秋、冬旱则移至华南沿海；冬、春旱再由华南地区扩大到西南地区。

我国大部分地区干旱发生频次为2~3年一遇。华北地区和西南地区干旱发生频次随季节变化而变化，这两个地

今年太旱了，庄稼都绝收了。

区春季干旱的发生频次可达3年两遇；淮河、长江流域，夏季干旱也时常发生。

（2）主要危害

干旱是危害农牧业生产的第一大灾害，会使生态环境进一步恶化，引发其他自然灾害的发生，造成经济和人民生命财产损失。干旱导致土壤缺水、土壤墒情下降，影响农作物正常生长发育并造成减产；干旱可造成水资源不足、农牧业生产受损、人畜饮水困难、城市供水紧张，制约工农业生产发展；长期干旱还会使生态环境恶化，森林火灾多发，土地沙化、盐碱化，进一步导致沙尘暴活动加剧，同时造成森林覆盖率持续降低、草原退化日趋严重等，甚至还会使社会不稳定，引发国家安全等方面的问题。

# 4. 冰雹

冰雹是指从发展强盛的积雨云中降落到地面的冰球或冰块，其下降时巨大的动能常给农作物和人身安全带来严重危害。

（1）分布特征

我国冰雹天气波及范围广，几乎全部省份都有雹灾记录。从空间分布来看，青藏高原是最大的一片多雹区。青藏高原以东，大致可分成南北两个多雹带。南方多雹带从云贵高原向东出武陵山，经幕阜山到浙江的天目山，断续呈带状分布。该多雹带的多雹灾区主要在海拔一两千米的云贵高原，向东延伸到湘西、川鄂边界。北方多雹带从青藏高原东北部出祁连山、六盘山，经黄土高原与内蒙古高原连接，包括河北省北部、内蒙古自治区东南部和东北三省的一些地区，是全国最宽、最长的一个多雹带。在这条多雹带中，平均海拔一两千米的黄土高原北部、内蒙古高原南部雹灾最严重。

从年内分布来看，降雹日主要集中在5—9月，这5个月占全年降雹日的84%，其中又以6月为冰雹盛行月。此外，许多地区季节性雹灾发生在雨季前期，从降雹的日变化来看，降雹多发生在午后，但其他时间均有降雹的

可能。

（2）主要危害

我国是受季风气候影响大、冰雹灾害多发的国家。冰雹虽然出现的范围小、时间短，但来势猛、强度大，常伴有狂风骤雨，往往给局部地区的农牧业、工矿企业、电信、交通运输及人民生命财产造成较大损失。此外，由于降雹季节正是我国绝大部分地区农作物生长关键期，因此冰雹对我国农业生产的危害很大，尤其对国家粮食安全构成明显的威胁。

冰雹是否会造成灾害，不仅与雹块大小、积雹密度、降雹范围和降雹的持续时间有关，而且还与被冰雹袭击地区的下垫面特征、雹击物体性质和状况有关。对于农业来说，冰雹灾害可分为轻、中、重三个等级，雹害的轻重取决于冰雹的破坏力和作物所处的发育期。冰雹的破坏力决定于冰雹的大小、密度和下降的速度。轻雹害的雹块直径为0.5～2厘米；中雹害的雹块直径为2～3厘米，雹块盖满地，农作物折茎落叶；重雹害的雹块直径为3～5厘米或更大，雹块融化后地面布满雹坑，土壤严重板结，农作物地上部分被砸秃，地下部分也受一定程度伤害。冰雹灾害不仅给农业带来严重损失，而且对畜牧业、建筑、通信、电力、交通等也造成很大危害。据统计，我国每年因冰雹灾害造成的经济损失达几亿元甚至几十亿元。

## 5. 雷电

雷电是在雷暴天气条件下发生于大气中的一种长距离放电现象，具有大电流、高电压、强电磁辐射等特征。台风、暴雨常常伴有雷电，雷电本身只是一种普通的天气现象，之所以成为灾害，是由于它在瞬间释放的巨大能量会给人们的生命财产造成严重威胁。

（1）分布特征

我国雷电灾害事故发生的地区分布差异较大，总体上呈东南部多、西北地区少的分布特征。闪电密度能在一定程度上反映雷电灾害的轻重情况。从卫星观测得到的我国陆地闪电密度分布情况来看，华南地区和西南部分地区是我国闪电密度高值区，尤其是广东省和海南省。

雷电灾害每年造成近万人死伤，造成的财产损失4亿~5亿元。雷电灾害主要发生在每年的4—9月，这期间发生的雷电灾害事故占到全年的90%以上。其中，4月和5月相对3月有明显上升，6—8月最高，9月则明显降低。

（2）主要危害

雷电能够导致人员伤亡，造成建筑物、供配电系统、通信设备、家用电器损坏，引起森林火灾，致使计算机信息系统中断，引发仓储、炼油厂、油田等起火燃烧甚至爆

炸，同时也严重威胁航空航天等运载工具的安全。雷击易发生的地方包括：缺少避雷装置或避雷装置不合格的高大建筑物、储罐等；没有良好接地装置的金属屋顶；潮湿或空旷地区的建筑物、树木等。此外，由于烟气的导电性，烟囱特别容易遭受雷击。

# 6. 雪灾

雪灾是指因降雪导致大范围积雪、暴风雪、雪崩，严重影响人畜生存与健康，或对交通、电力、通信系统等造成损害的自然灾害。雪灾是草原牧区的主要灾害之一，不同程度的雪灾几乎每年都会发生，已成为严重制约我国牧区畜牧业发展的重要因素之一。

（1）分布特征

我国雪灾主要集中分布在内蒙古、新疆、青海和西藏四省区，地域上形成3个雪灾多发区（内蒙古大兴安岭以西、阴山以北的广大地区，新疆天山以北地区，青藏高原地区），影响的牧区主要有内蒙古高原牧区、青藏高原牧区、新疆北部山区和祁连山牧区。

对中国大部分牧区而言，雪灾终止期可能出现在3—4月，而青藏高原一般在5—6月。据统计，我国牧区雪灾发生在11月前后和3—4月的频次约占年总次数的90%。

（2）主要危害

雪灾影响最大的就是畜牧业，不仅影响冬季放牧，而且严重威胁由于前期干旱累积已非常脆弱的冬季畜牧业生产。除了畜牧业，雪灾影响的还有交通、建筑物、农业、林业、养殖业、渔业、电力等服务设施。降雪和道路结冰

会对交通运输有较大的影响，尤其是公路交通。路面积雪和结冰后，汽车轮胎与路面的摩擦系数减小，附着力大大降低，使车辆行驶稳定性、车辆的制动性和驱动性降低。而在我国南方，降雪对农业设施的影响尤为严重，当遇到暴雪天气时，深厚、沉重的积雪常常会超出温室的承载负荷，导致拱架坍塌或墙体损毁，造成冻害，经济损失严重。

## 7. 寒潮

寒潮是指某一地区冷空气过境后，气温24小时内下降8℃以上，且最低气温下降到4℃以下；或48小时内气温下降10℃以上，且最低气温下降到4℃以下；或72小时内气温连续下降12℃以上，并且最低气温在4℃以下。寒潮是一种大型天气过程，会造成沿途大范围的剧烈降温、大风和暴雪天气，由寒潮引发的大风、霜冻、雪灾、雨凇等灾害，对农业、交通、电力、航海以及人们的健康都有很大的影响。

（1）分布特征

我国的寒潮天气现象非常普遍，全国范围内都可能受其影响。入侵我国的寒潮主要有以下几条路径：

🏠 西路：从西伯利亚西部进入新疆维吾尔自治区，经河西走廊向东南推进。

🏠 中路：从西伯利亚中部和蒙古进入中国后，经河套地区和华中南下。

🏠 东路：从西伯利亚东部或蒙古东部进入中国东北地区，经华北地区南下。

🏠 东路加西路：东路冷空气从河套地区下游南下，西路冷空气从青海省向东南推进，两股冷空气常在黄土高

原东侧，黄河、长江之间汇合，汇合时会造成大范围的雨雪天气，接着两股冷空气合并南下，出现大风和明显降温。

我国的寒潮多发生于每年的11月、12月和3月、4月。南方地区的寒潮多发生于春季，3月最多。北方则相反，10—12月的寒潮明显多于其他月份。

（2）主要危害

由于入侵我国冷空气的强度、路径不同以及各地气候条件的差异，寒潮天气的影响和危害也有所不同。具体表现为以下几个方面：

    🖱 寒潮过境时会伴随大风及暴雪等强烈天气变化，导致暴风雪灾害的发生。

    🖱 寒潮灾害对农业造成的影响最大，它带来的强降温超过农作物的耐寒能力时，会使农作物发生冻害。

    🖱 寒潮带来的大风、降温、雨雪冰冻天气会造成低能见度、地表结冰和路面积雪冰冻等现象，对公路、铁路、民航、水运和海上作业产生严重的影响。

    🖱 寒潮引发的冻雨天气会造成电线上积满雨凇，使供电线路和通信线路中断。

    🖱 寒潮的强降温会对人体健康造成较大危害，易造成人体呼吸道疾病和心脑血管疾病的发生。

## 8. 沙尘暴

沙尘暴是沙暴和尘暴的总称，是指强风把地面大量沙尘卷入空中，使空气特别浑浊，水平能见度低于1千米的风沙天气现象。一般采用风速和能见度两个指标对沙尘暴的等级进行划分。根据《沙尘天气等级》（GB/T 20480—2017），将沙尘天气依次划分为浮尘、扬沙、沙尘暴、强沙尘暴和特强沙尘暴5个等级。

（1）分布特征

我国沙尘暴主要发生在北方地区，尤其是西北地区。统计分析发现，南疆盆地、青海省西南部、西藏自治区西部、内蒙古自治区中西部和甘肃省中北部是沙尘暴的多发区，年沙尘暴日数在10天以上，其中南疆盆地和内蒙古自治区西部的部分地区超过20天；准噶尔盆地、河西走廊、内蒙古西部等地的部分地区有3~10天；西北地区东南部、华北地区中南部和东部、黄淮地区、东北地区中西部，以及新疆、青海、四川、湖北等省区的部分地区在3天以下。

近10年来，由于我国对生态环境的大力整治，年沙尘暴频次整体呈波动式下降趋势。从年内时间分布来看，春季（3—5月）是我国沙尘天气的高发期，其中以4月最为

突出。

（2）主要危害

沙尘暴的危害主要表现在以下几方面：

🗑 沙尘暴天气容易造成人畜死亡、建筑物倒塌等生命财产损失。

🗑 影响交通安全。沙尘暴天气使能见度降低，影响

35

飞机起降，如韩国2002年就有7个机场因沙尘暴天气被迫关闭。

&#9855; 危害人体健康。沙尘暴天气会对人的皮肤、眼、鼻和肺产生直接刺激或造成过敏反应，容易引发哮喘等呼吸道疾病。

&#9855; 沙尘暴会使地表层土壤风蚀、沙漠化加剧，对大气环境造成严重污染，致使生态环境恶化。

&#9855; 覆盖在植物叶面上厚厚的沙尘会影响植物正常的光合作用，造成农作物减产。

## 9. 高温热浪

高温热浪通常是指一段持续时间较长的高温过程，对动植物和人体健康造成影响，对生产、生态环境造成损害的自然灾害。气象上将日最高气温≥35℃定义为高温日，将日最高气温≥38℃称为酷热日。

（1）分布特征

除东北、青藏高原极少出现或不出现高温天气外，我国其他地区均会出现不同程度的高温天气。在地理空间分布上，根据高温出现的特点，分为华北地区、西北地区、华南地区和长江中下游地区四大高温热浪区域。盛夏季节，长江中下游地区常出现高温酷热天气，是我国夏季高温热浪袭击的重灾区。梅雨季节过后的7月、8月，一般年份都会出现20～30天的高温天气，梅雨期短的年份高温日数可超过40天。

从年内分布来看，我国的高温热浪主要发生在每年的5—9月。其中，华北地区高温热浪主要集中出现在6—8月，6月、7月最多；华东地区高温热浪主要集中在7月、8月，7月中旬出现频次最高；华中、华南和西南地区则主要集中在7月、8月。

（2）主要危害

高温热浪对人们生产和生活的影响主要表现在以下几方面：

🏮 对人体健康的影响。主要表现在中暑、热疾病发病率上，尤其会导致呼吸系统和心血管系统疾病的发病率和死亡率升高。

🏮 对城市供电、供水的影响。夏季高温容易引起电网耗电量剧增，电力负荷的增加又造成过多的人为热量向城市空气中释放，加剧了城市的热岛效应，从而需要更多的电力用来降温，进一步加重了电力供应负荷。同时，夏季人们生活用水大增，各类生产生活用水量也显著增加，给城市供水部门带来巨大压力。

🪣 对工业的影响。当气温≥38℃时，须停止室外施工作业，这会影响正常的施工进度，造成损失。此外，夏季高温对食品加工业、化工行业等也都非常不利。

🪣 对农业、林业的影响。持续高温易导致土壤保水功能受损，致使农业减产，也可能使作物的蛋白质凝固变性，或积累有毒物质而直接受伤。高温干旱对林木的伤害突出表现在强烈的太阳辐射引起的枝干灼伤，还极易引发森林或草原火灾。

🪣 对交通的影响。当气温超过30℃时，沥青路面在烈日暴晒下易软化发黏，影响行车速度，刹车易打滑，在低熔点沥青路面行驶更加危险。沙漠地区路面温度常达70℃以上，轮胎易软化以至于无法行驶。

🪣 对生态环境的影响。高温热浪容易引发病虫害与森林火灾，造成生态灾难。持续高温天气还可引发大面积蓝藻，导致水源污染。

## 10. 雾/霾

雾是指近地层空气中悬浮大量水滴或冰晶微粒的乳白色集合体，使水平能见度降到1千米以下的天气现象。霾是一种对视程造成障碍的天气现象，大量极细微的干尘粒等均匀地浮游在空中，使水平能见度小于10千米，造成空

气普遍浑浊。

雾和霾的区别：在一般情况下，相对湿度小于80%时的大气浑浊、视野模糊导致的能见度恶化是霾造成的；相对湿度大于95%时的大气浑浊、视野模糊导致的能见度恶化是雾造成的；相对湿度介于80%~95%时的大气浑浊、视野模糊导致的能见度恶化是霾和雾的混合物共同造成的，但其主要成分是霾。

（1）分布特征

空间分布上，西南地区是我国雾日最多的地区，长江流域以南地区雾日也比较多，其中湘赣地区较为典型。沿海地区雾也比较多，华北平原和东北平原在冬春季节会出现严重的持续性浓雾天气。霾的分布主要受工业生产、交通等经济活动以及局部地区大气环境等影响，我国中东部地区是霾多发区，包括华北平原、关中平原、长江三角洲地区，此外，新疆维吾尔自治区南部、四川盆地等也有不同程度的霾发生。

有关研究报告指出，近50年来中国雾/霾天气出现天数总体呈增加趋势。其中，雾日数明显减少，霾日数明显增加，且持续性霾过程增加显著。我国大部分地区多雾的月份主要集中在冬季的11月、12月和1月，12月最多。12月和1月我国各地霾日数明显偏多，这两个月的霾日数总和达到了全年的30%；9月霾日数最少，仅占全年的5%左右。

（2）主要危害

雾/霾天气会给人体健康、交通、生态环境等方面造成显著的负面影响，具体表现如下：

🥄 对人体健康造成危害。

✓ 对呼吸系统的影响。霾的有害物质能直接进入并黏附在人体呼吸道和肺泡中，引起急性鼻炎和急性支气管炎等病症。对于支气管哮喘、慢性支气管炎等慢性呼吸系统疾病患者，雾/霾天气可使疾病急性发作或病情加重。长期处于这种环境还会诱发肺癌。

✓对心脑血管系统的影响。雾/霾天气下人体正常的血液循环会受影响，可能诱发心绞痛、心肌梗死、心力衰竭等，使慢性支气管炎发展为肺源性心脏病。

✓雾/霾天气还可导致近地层紫外线的减弱，使空气中的传染性细菌的活性增强，传染病增多。

✓不利于儿童成长。由于雾/霾天气下日照减少，儿童紫外线照射不足，对钙的吸收大大减少，严重的会引起婴儿佝偻病、儿童生长减慢。

🚌 影响交通安全。由于空气质量差、能见度低，容易引起公路交通阻塞，发生交通事故。雾/霾天气会使船舶无法出港，航班起降也大受影响，给人们生产、生活造成很大不便。

🚌 对生态环境产生危害。雾/霾天气会造成大气环境质量变差，容易引起城市大气酸雨和光化学烟雾现象，加重大气污染，不利于植物生长，也会对生态环境产生危害。

# 三、常见气象水文灾害防御及应急避险措施

Changjian Qixiang Shuiwen Zaihai Fangyu Ji Yingji
Bixian Cuoshi

# 常见气象水文灾害防御及应急避险措施

1. 台风的防御及应急避险措施
2. 暴雨洪涝的防御及应急避险措施
3. 干旱的防御及应急避险措施
4. 冰雹的防御及应急避险措施
5. 雷电的防御及应急避险措施
6. 雪灾的防御及应急避险措施
7. 寒潮的防御及应急避险措施
8. 沙尘暴的防御及应急避险措施
9. 高温的防御及应急避险措施
10. 雾 / 霾天气的防御及应急避险措施

# 1.台风的防御及应急避险措施

**台风来临前，应注意做好以下准备工作：**

🥡 家中备好应急物品。例如充足的饮用水和食品、蜡烛、手电、手机、充电宝等。

方便面                              饮用水

蜡烛          手电          充电宝          手机

🥡 提前检查室内电气线路、燃气等设施是否安全。

🥡 收拾好阳台上的杂物，妥善处理容易受台风影响的室外物品。

🥡 如居住在危旧房屋或低洼地区，最好转移至安全地点，以防范强降水引发的山洪、泥石流及城市内涝等灾害。

☝ 幼儿园和学校应采取避险措施，必要时可以停课。露天集体活动或室内大型集会活动应取消。

☝ 关紧门窗，用胶布在玻璃上贴"米"字以加固。

🛑 出海船舶、海上作业船舶以及近海养殖人员接到台风预警信号后应立即回港避风或绕道航行。密切关注台风预警信息，加固港口设施，防止船舶走锚、搁浅或碰撞。

**台风到来时，应采取以下应急避险措施：**

🛑 尽量待在室内，切勿随意外出。

🛑 如果在室外，避免在临时搭建物、广告牌、铁塔、大树等附近避雨，以防被砸伤。要寻找高大建筑物躲避，不要贸然前进。如需外出，要等雨变小时穿雨衣出行，避免使用雨伞。

🛑 如果正在开车，应立即将车停到地下停车场或者避风处。在地下停车场停车前，先要确定停车场是否有排水不畅等情况。

🛑 如果正在露天游泳或水上作业，应立即上岸避风避雨。

🛑 如正在山区郊游或野营，务必赶紧撤离，因为短时强降雨可能引发山洪、滑坡等灾害。

🛑 若在海上遇到台风时要镇定，可根据台风定位信息判断船只处于台风中心的哪个方位，迅速驶出台风移动方向右侧的危险半圆区。当台风中心经过时，风力会突然减小或者静止一段时间，切记强风可能会突然吹袭，船员

应继续留在安全处，风力逐渐减小、云升高、雨渐停后再继续航行。

## 台风预警信号

| 图例 | 含义 | 防御指南 |
|---|---|---|
| | 24小时内可能或者已经受热带气旋影响，沿海或者陆地平均风力达6级以上，或者阵风8级以上并可能持续。 | 1. 政府及相关部门按照职责做好防台风准备工作。<br>2. 停止露天集体活动和高空等户外危险作业。<br>3. 相关水域水上作业和过往船舶采取积极的应对措施，如回港避风或者绕道航行等。<br>4. 加固门窗、围板、棚架、广告牌等易被风吹动的搭建物，切断危险的室外电源。 |
| | 24小时内可能或者已经受热带气旋影响，沿海或者陆地平均风力达8级以上，或者阵风10级以上并可能持续。 | 1. 政府及相关部门按照职责做好防台风应急准备工作。<br>2. 停止室内外大型集会和高空等户外危险作业。<br>3. 相关水域水上作业和过往船舶采取积极的应对措施，加固港口设施，防止船舶走锚、搁浅和碰撞。<br>4. 加固或者拆除易被风吹动的搭建物，人员切勿随意外出，确保老人、小孩留在家中最安全的地方，危房人员及时转移。 |

51

| 图例 | 含义 | 防御指南 |
|---|---|---|
| 台风 橙 TYPHOON | 12小时内可能或者已经受热带气旋影响，沿海或者陆地平均风力达10级以上，或者阵风12级以上并可能持续。 | 1. 政府及相关部门按照职责做好防台风应急和抢险工作。<br>2. 停止室内外大型集会、停课、停业（除特殊行业外）。<br>3. 相关应急处置部门和抢险单位加强值班，密切监视灾情，落实应对措施。<br>4. 相关水域水上作业和过往船舶应当回港避风，加固港口设施，防止船舶走锚、搁浅和碰撞。<br>5. 加固或者拆除易被风吹动的搭建物，人员应当尽可能待在防风安全的地方。当台风中心经过时风力会减小或者静止一段时间，切记强风仍可能会突然吹袭，应当继续留在安全处避风。危房人员及时转移。<br>6. 相关地区应当注意防范强降水可能引发的山洪、地质灾害。 |

| 图例 | 含义 | 防御指南 |
|---|---|---|
| | 6小时内可能或者已经受热带气旋影响，沿海或者陆地平均风力达12级以上，或者阵风达14级以上并可能持续。 | 1. 政府及相关部门按照职责做好防台风应急和抢险工作。<br>2. 停止集会、停课、停业（除特殊行业外）。<br>3. 回港避风的船舶要视情况采取积极措施，妥善安排人员留守或者转移到安全地带。<br>4. 加固或者拆除易被风吹动的搭建物，人员应当待在防风安全的地方。当台风中心经过时风力会减小或者静止一段时间，切记强风将仍可能突然吹袭，应当继续留在安全处避风。危房人员及时转移。<br>5. 相关地区应当注意防范强降水可能引发的山洪、地质灾害。 |

## 2. 暴雨洪涝的防御及应急避险措施

**暴雨洪涝来临前，应注意做好以下准备工作：**

收到暴雨洪涝预警时，应备足食品、衣物、饮用水、生活日用品和常用药品，妥善安置家庭贵重物品，也可将不便携带的贵重物品做好防水捆扎后埋入地下或放到高处，钱款和首饰等小件贵重物品可缝在衣服内随身携带。

🔲 保存好能够使用的通信设备。收集手电、哨子、镜子、打火机、色彩艳丽的衣服等可作为信号用的物品，做好被救援的准备。

🔲 及时清理下水道，检查农田、鱼塘的排水系统，做好低洼、易受淹地区（如立交桥下等）的排水工作。

🔲 居住在平房的，如果地势较低，可在门口放置挡水板或堆砌土坎预防内涝。居住在危旧房屋或地势低洼地区的居民要及时转移到安全地带，以避免山洪、山体滑坡、泥石流、城市内涝等灾害。

🔲 露天集体活动应及时取消，并做好人员疏散工作。幼儿园和学校可根据发布的暴雨预警级别视情况决定是否停课。户外或野外作业人员应暂停作业，立即到地势高的地方或有遮挡的安全地点暂避。

🔲 检查室内电线等设施，最好关闭电源总开关。

**暴雨洪涝到来时，应采取以下应急避险措施：**

🔲 当积水漫入室内时，应立即切断电源、关闭燃气，防止积水带电伤人。尽快撤到高处避险，并立即发出求救信号。

🔲 在户外时，要注意观察路况，贴近建筑物行走，防止跌入窨井、地坑等。

🔲 不要在下大雨时骑自行车、电动自行车。雨中驾

55

驶汽车要减速慢行，保持车距。当驾驶汽车遇到路面或立交桥下积水时，不要盲目通过，应尽量绕行。

　　🚙 一旦汽车在积水中熄火，千万不要尝试二次启动，应迅速打开车门逃生。

　　🚙 若车内进水，水位已经漫及车窗且车门无法打开时，可迅速从天窗或侧窗逃生。如车窗无法打开，应用逃生锤破窗逃生。若车辆沉入水中，车头会先到达水底，空气积存在车尾，车内人员要爬到车尾利用汽车尾部空气维

持生命。

🔲 如果被洪水包围，来不及转移时，要立即爬上屋顶、大树、高墙等暂时躲避，等待救援。不要盲目蹚河或试图游泳逃生；不可攀爬带电的电线杆、铁塔等，以防触电。

🔲 发现高压线铁塔倾斜、电线断头下垂时，一定要远离避险，以防触电。

🔲 如果洪水继续上涨，已危及暂避处，要尽可能利用能发现的木板、大件泡沫塑料、大床等木制家具、篮球等能漂浮的物体逃生。

### 暴雨预警信号

| 图例 | 含义 | 防御指南 |
| --- | --- | --- |
| | 12小时内降雨量将达50毫米以上，或者已达50毫米以上且降雨可能持续。 | 1. 政府及相关部门按照职责做好防暴雨准备工作。<br>2. 学校、幼儿园采取适当措施，保障学生和幼儿安全。<br>3. 驾驶人员应当注意道路积水和交通阻塞，确保安全。<br>4. 检查城市、农田、鱼塘排水系统，做好排涝准备。 |

续表

| 图例 | 含义 | 防御指南 |
|---|---|---|
| | 6小时内降雨量将达50毫米以上，或者已达50毫米以上且降雨可能持续。 | 1.政府及相关部门按照职责做好防暴雨工作。<br>2.交通管理部门应当根据路况在强降雨路段采取交通管制措施，在积水路段实行交通引导。<br>3.切断低洼地带有危险的室外电源，暂停在空旷地方的户外作业，转移危险地带人员和危房居民到安全场所避雨。<br>4.检查城市、农田、鱼塘排水系统，采取必要的排涝措施。 |
| | 3小时内降雨量将达50毫米以上，或者已达50毫米以上且降雨可能持续。 | 1.政府及相关部门按照职责做好防暴雨应急工作。<br>2.切断有危险的室外电源，暂停户外作业。<br>3.处于危险地带的单位应当停课、停业，采取专门措施保护已到校学生、幼儿和上班人员的安全。<br>4.做好城市、农田的排涝，注意防范可能引发的山洪、滑坡、泥石流等灾害。 |

续表

| 图例 | 含义 | 防御指南 |
|------|------|----------|
| | 3小时内降雨量将达100毫米以上，或者已达100毫米以上且降雨可能持续。 | 1. 政府及相关部门按照职责做好防暴雨应急和抢险工作。<br>2. 停止集会、停课、停业（除特殊行业外）。<br>3. 做好山洪、滑坡、泥石流等灾害的防御和抢险工作。 |

### 3. 干旱的防御及应急避险措施

预防干旱，日常应注意：

☺ 建立节水意识，采取有效的节水措施，养成良好的用水习惯，不浪费水资源。

要节约用水，不浪费水资源。

☺ 农村地区要掌握干旱和农作物生长规律，因地制宜调整农作物布局，改进耕作制度。

    🏯 加强农田基本水利建设，增强土壤抗旱保墒能力；广泛开辟抗旱水源，科学调度抗旱用水。

干旱发生时的应对：

    🏯 各级政府和相关职能部门应启动应急预案，依据气象、农业、水利部门发布的干旱指标，部署抗旱工作。启用应急备用水源，调度辖区内一切可用水源。

☝ 气象部门要密切关注天气形势变化，抓住有利时机，积极组织实施人工增雨。

☝ 在城市，按照"先生活、后生产，先节水、后调水，先地表、后地下"的用水原则，突出统一调度和应急措施，确保居民饮水安全，最大限度地满足城市生产用水需求。

### 干旱预警信号

| 图例 | 含义 | 防御指南 |
|---|---|---|
|  | 预计未来一周综合气象干旱指数达到重旱(气象干旱为25～50年一遇)，或者某一县（区）有40%以上的农作物受旱。 | 1. 有关部门和单位按照职责做好防御干旱的应急工作。<br>2. 有关部门启用应急备用水源，调度辖区内一切可用水源，优先保障城乡居民生活用水和牲畜饮水。<br>3. 压减城镇供水指标，优先安排经济作物灌溉用水，限制农业灌溉大量用水。<br>4. 限制非生产性高耗水及服务业用水，限制排放工业污水。<br>5. 气象部门适时进行人工增雨作业。 |

| 图例 | 含义 | 防御指南 |
|------|------|----------|
| | 预计未来一周综合气象干旱指数达到特旱(气象干旱为50年以上一遇)，或者某一县（区）有60%以上的农作物受旱。 | 1. 有关部门和单位按照职责做好防御干旱的应急和救灾工作。<br>2. 各级政府和有关部门启动远距离调水等应急供水方案，采取提外水、打深井、车载送水等多种手段，确保城乡居民生活和牲畜饮水。<br>3. 限时或者限量供应城镇居民生活用水，减少或者阶段性停止农业灌溉供水。<br>4. 严禁非生产性高耗水及服务业用水，暂停排放工业污水。<br>5. 气象部门适时加大人工增雨作业力度。 |

## 4.冰雹的防御及应急避险措施

**预防冰雹的日常措施：**

😀 气象部门做好冰雹天气的预报工作，以及人工防雹作业的日常管理和准备工作，减小冰雹灾害损失。

😀 掌握当地冰雹发生规律，调整农作物种植时间和

要改种抗雹和恢复能力强的农作物。

种植结构，改种或增种抗雹和恢复能力强的农作物。

    🏺 在多雹地带，种植牧草和树木，增加森林面积，改善地貌环境，破坏雹云条件，达到减少雹灾的目的。

    🏺 多雹灾地区在降雹季节，农民在下地干活儿时要提高防范意识，最好随身携带防雹工具，如竹篮、柳条筐等，以减少人员伤亡。

冰雹到来时的应对：

    🏺 气象部门要及时进行人工消雹作业。

居民尽量待在室内，关好门窗，切勿随意外出，做好防雹和防雷电准备。户外行人应立即到安全的地方躲避。

汽车等易受冰雹袭击的室外设备或物品要妥善保护，最好开到或放置在有顶篷的地方。若在行车途中，应就近将汽车停到地下车库或上方有遮挡的安全地带。

对易遭受雹灾的作物，如烤烟、油菜等采取一定的防护措施，如覆盖防雹网等。驱赶家禽、牲畜进入有顶篷的安全场所。

### 冰雹预警信号

| 图例 | 含义 | 防御指南 |
|---|---|---|
| 冰雹 橙 HAIL | 6小时内可能出现冰雹天气，并可能造成雹灾。 | 1. 政府及相关部门按照职责做好防冰雹的应急工作。<br>2. 气象部门做好人工防雹作业准备并择机进行作业。<br>3. 户外行人立即到安全的地方暂避。<br>4. 驱赶家禽、牲畜进入有顶篷的场所，妥善保护易冰雹袭击的汽车等室外物品或者设备。<br>5. 注意防御冰雹天气伴随的雷电灾害。 |

| 图例 | 含义 | 防御指南 |
|---|---|---|
| | 2小时内出现冰雹可能性极大，并可能造成重雹灾。 | 1. 政府及相关部门按照职责做好防冰雹的应急和抢险工作。<br>2. 气象部门适时开展人工防雹作业。<br>3. 户外行人立即到安全的地方暂避。<br>4. 驱赶家禽、牲畜进入有顶篷的场所，妥善保护易受冰雹袭击的汽车等室外物品或者设备。<br>5. 注意防御冰雹天气伴随的雷电灾害。 |

## 5.雷电的防御及应急避险措施

**预防雷电，日常应注意：**

⛑ 气象部门要做好雷电监测工作，以及雷电的预警工作，减小雷电灾害损失。

⛑ 有关部门要做好雷电的防护工作，如建筑物、储油罐等的防雷设施的安装和年检。

雷电到来时，应注意：

 做到"五个不要"：不要敞开门窗，不要开启电器，不要在大树、电线杆下躲雨，不要在山顶、楼顶等高处逗留，不要触摸墙上避雷针等金属物品。

 雷电到来时不宜洗澡，特别是太阳能热水器用户。

 切忌使用有金属尖端的雨伞，也不要在电气设施下使用雨伞。

🀫 不宜使用手机。

🀫 尽量避免户外活动，不要在水面附近停留，不要游泳、钓鱼、在水边玩耍等。

🀫 如果在户外，不可赤脚行走或奔跑，应远离孤立的大树、电线杆、广告牌等，迅速到安全的地方躲避。

🀫 不宜在雷雨天气开摩托车或骑自行车、电动自行车。在汽车内关闭车窗可以安全避雷。

🀫 若在旷野里找不到避雷场所，应找地势较低的地方蹲下，双脚并拢，身体前屈。

🀫 不要进入孤立的棚屋、岗亭等无防雷设施的建筑物内，不要靠近高压电线和孤立的高楼、大树、旗杆等。

🀫 不要将导电物品（如钓鱼竿等）扛在肩上行走。

**雷电预警信号**

| 图例 | 含义 | 防御指南 |
|------|------|----------|
| ⚡雷电 黄 LIGHTNING | 6小时内可能发生雷电活动，可能会造成雷电灾害事故。 | 1. 政府及相关部门按照职责做好防雷工作。<br>2. 密切关注天气变化，尽量避免户外活动。 |

| 图例 | 含义 | 防御指南 |
| --- | --- | --- |
| | 2小时内发生雷电活动的可能性很大，或者已经受雷电活动影响，且可能持续，出现雷电灾害事故的可能性比较大。 | 1. 政府及相关部门按照职责落实防雷应急措施。<br>2. 人员应当留在室内，并关好门窗。<br>3. 户外人员应当躲入有防雷设施的建筑物或者汽车内。<br>4. 切断危险电源，不要在树下、电线杆下、塔吊下避雨。<br>5. 在空旷场地不要打伞，不要把农具、羽毛球拍、高尔夫球杆等扛在肩上。 |
| | 2小时内发生雷电活动的可能性非常大，或者已经有强烈的雷电活动发生，且可能持续，出现雷电灾害事故的可能性非常大。 | 1. 政府及相关部门按照职责做好防雷应急抢险工作。<br>2. 人员应当尽量躲入有防雷设施的建筑物或者汽车内，并关好门窗。<br>3. 切勿接触天线、水管、铁丝网、金属门窗、建筑物外墙，远离电线等带电设备和其他类似金属装置。<br>4. 尽量不要使用无防雷装置或者防雷装置不完备的电视、电话等电器。<br>5. 密切注意雷电预警信息的发布。 |

## 6.雪灾的防御及应急避险措施

**预防雪灾，应注意：**

😀 气象部门做好暴雪的预报和预警工作，减小暴雪灾害损失。

又要来暴雪了，不出车了。

😀 当收到暴雪黄色预警之后，居民应准备足够的食品、饮用水、蜡烛、应急照明灯、御寒衣物等。

🗑 加固房屋，防止被积雪压塌。

🗑 用棉布保护好室内水管，防止冰冻。

🗑 对农作物要采取防冻措施，防止冻害。

雪灾到来时，应注意：

🗑 相关部门应及时清扫路面，做好道路的融雪工作。

🗑 尽量减少户外活动。外出时，要采取防寒保暖和防滑措施。避免在不结实的建筑物、屋檐、广告牌和树下行走。

🗑 外出步行时尽量穿御寒且防滑的鞋子，以免滑倒摔伤。

🗑 骑自行车或电动自行车时可以给轮胎适当少量放气，增加轮胎与路面的摩擦力，以免滑倒。机动车在冰雪

安装了防滑链，心里踏实多了。

路面行驶时应给轮胎安装防滑链，低速慢行，避免急转以防侧滑，踩刹车时不要过急过死。司机要佩戴有色眼镜。

🚌 机场、高速公路、轮渡码头可能会停航或封闭，要及时取消或调整出行计划。

**雪灾预警信号**

| 图例 | 含义 | 防御指南 |
|---|---|---|
| ✳ 暴雪 蓝 SNOW STORM | 12小时内降雪量将达4毫米以上，或者已达4毫米以上且降雪持续，可能对交通或者农牧业有影响。 | 1. 政府及有关部门按照职责做好防雪灾和防冻害准备工作。<br>2. 交通、铁路、电力、通信等部门应当进行道路、铁路、线路巡查维护，做好道路清扫和积雪融化工作。<br>3. 行人注意防寒防滑，驾驶人员小心驾驶，车辆应当采取防滑措施。<br>4. 农牧区和种养殖业要储备饲料，做好防雪灾和防冻害准备。<br>5. 加固棚架等易被雪压的临时搭建物。 |

| 图例 | 含义 | 防御指南 |
|---|---|---|
| | 12小时内降雪量将达6毫米以上，或者已达6毫米以上且降雪持续，可能对交通或者农牧业有影响。 | 1. 政府及相关部门按照职责落实防雪灾和防冻害措施。<br>2. 交通、铁路、电力、通信等部门应当加强道路、铁路、线路巡查维护，做好道路清扫和积雪融化工作。<br>3. 行人注意防寒防滑，驾驶人员小心驾驶，车辆应当采取防滑措施。<br>4. 农牧区和种养殖业要备足饲料，做好防雪灾和防冻害准备。<br>5. 加固棚架等易被雪压的临时搭建物。 |
| | 6小时内降雪量将达10毫米以上，或者已达10毫米以上且降雪持续，可能或者已经对交通或者农牧业有较大影响。 | 1. 政府及相关部门按照职责做好防雪灾和防冻害的应急工作。<br>2. 交通、铁路、电力、通信等部门应当加强道路、铁路、线路巡查维护，做好道路清扫和积雪融化工作。<br>3. 减少不必要的户外活动。<br>4. 加固棚架等易被雪压的临时搭建物，将户外牲畜赶入棚圈喂养。 |

| 图例 | 含义 | 防御指南 |
|---|---|---|
| | 6小时内降雪量将达15毫米以上，或者已达15毫米以上且降雪持续，可能或者已经对交通或者农牧业有较大影响。 | 1. 政府及相关部门按照职责做好防雪灾和防冻害的应急和抢险工作。<br>2. 必要时停课、停业（除特殊行业外）。<br>3. 必要时飞机暂停起降，火车暂停运行，高速公路暂时封闭。<br>4. 做好牧区等的救灾救济工作。 |

## 7. 寒潮的防御及应急避险措施

**寒潮来临前，应注意：**

🏛 政府部门、涉及行业、公众三方面共同应急联动，高度重视，及时做好各项防御工作，做好广泛宣传和通知等工作。

哎呀，寒潮来临了。

🏮 农业方面应注意加固棚架，防止棚架倒塌，并做好棚内的温湿度调控，以防农作物发生冻害。做好蔬菜或花卉大棚的保温工作，家禽、家畜等养殖户要做好禽畜棚舍的防寒保温工作。

🏮 交通部门要做好道路融雪融冰的准备工作，如积雪积冰严重，可关闭道路交通。及时提醒有关涉水单位、施工企业和个人做好防灾抗灾准备。联合气象、海洋、交通、渔业等相关部门形成合力，共同做好防御工作。

🏮 寒潮引发的冻雨天气会使电线上积满雨凇，容易使供电线路中断。

**寒潮到来时，应采取以下应急避险措施：**

🏮 当气温骤降时，要注意添衣保暖，特别是注意手和脸的保暖。

🏮 老弱病人，特别是心血管病人、哮喘病人等对气温变化敏感的人群尽量不要外出。

🏮 关好门窗，加固室外搭建物。

🏮 采用煤炉取暖的居民要安装烟囱风斗，预防煤气中毒。

🏮 对室外水管采取防冻措施，防止水管冻裂。一旦遭遇灾害，及时报警，积极相互救助。

🏮 停止或减少高空、水上等户外施工作业。

道路结冰时，尽量不要骑自行车或电动自行车上路，以免滑倒摔伤或发生事故。

机动车在冰雪路面行驶时应给轮胎安装防滑链，低速慢行，避免急转以防侧滑，踩刹车时不要过急过死。特别注意桥梁、涵洞、临水等易结冰、积雪路段。

交通、公安等部门要按照职责做好道路结冰、积雪的应对工作，采取人工机械清除、喷洒融雪剂、撒沙等措施，尽快融冰除雪。

## 寒潮预警信号

| 图例 | 含义 | 防御指南 |
|---|---|---|
| <br>°C 寒潮<br>蓝 COLD WAVE | 48小时内最低气温将要下降8℃以上，最低气温≤4℃，陆地平均风力可达5级以上；或者已经下降8℃以上，最低气温≤4℃，平均风力达5级以上，并可能持续。 | 1．政府及有关部门按照职责做好防寒潮准备工作。<br>2．注意添衣保暖。<br>3．对热带作物、水产品采取一定的防护措施。<br>4．做好防风准备工作。 |

| 图例 | 含义 | 防御指南 |
|---|---|---|
| | 24小时内最低气温将要下降10℃以上，最低气温≤4℃，陆地平均风力可达6级以上；或者已经下降10℃以上，最低气温≤4℃，平均风力达6级以上，并可能持续。 | 1．政府及有关部门按照职责做好防寒潮工作。<br>2．注意添衣保暖，照顾好老、弱、病人。<br>3．对牲畜、家禽和热带、亚热带水果及有关水产品、农作物等采取防寒措施。<br>4．做好防风工作。 |
| | 24小时内最低气温将要下降12℃以上，最低气温≤0℃，陆地平均风力可达6级以上；或者已经下降12℃以上，最低气温≤0℃，平均风力达6级以上，并可能持续。 | 1．政府及有关部门按照职责做好防寒潮应急工作。<br>2．注意防寒保暖。<br>3．农业、水产业、畜牧业等要积极采取防霜冻、冰冻等防寒措施，尽量减少损失。<br>4．做好防风工作。 |

续表

| 图例 | 含义 | 防御指南 |
|---|---|---|
| | 24小时内最低气温将要下降16℃以上，最低气温≤0℃，陆地平均风力可达6级以上；或者已经下降16℃以上，最低气温≤0℃，平均风力达6级以上，并可能持续。 | 1.政府及相关部门按照职责做好防寒潮的应急和抢险工作。<br>2.注意防寒保暖。<br>3.农业、水产业、畜牧业等要积极采取防霜冻、冰冻等防寒措施，尽量减少损失。 |

# 8.沙尘暴的防御及应急避险措施

沙尘暴来临时，应注意：

🗑 尽量减少外出，尤其是有呼吸道疾病的患者要减少户外活动。

🗑 如在户外，尽量戴口罩、纱巾等防尘物品，以免沙尘伤害眼睛和呼吸道。

83

🏠 行走时尽可能远离高大建筑物，不要在广告牌下、树下行走或逗留，以防被高空坠物砸伤。

🏠 由于沙尘天气能见度低，行车时驾驶人员应减速慢行，开启雾灯和尾灯，多鸣喇叭，密切注意路况，谨慎驾驶。

🏠 及时关闭门窗，必要时可用胶条对门窗进行密封。防止尘土、颗粒以及病菌进入室内。

🏠 保持室内湿润，可使用加湿器、洒水等方法。

🏠 停止高空作业。将易被风吹动的沙、散装水泥等盖好，防止污染周边环境。

🏠 从外进屋后，可以用清水漱口，清理鼻腔，及时更换衣物，降低感染病菌的概率。

# 沙尘暴预警信号

| 图例 | 含义 | 防御指南 |
|---|---|---|
| | 12小时内可能出现沙尘暴天气（能见度小于1 000米），或者已经出现沙尘暴天气并可能持续。 | 1. 政府及相关部门按照职责做好防沙尘暴工作。<br>2. 关好门窗，加固围板、棚架、广告牌等易被风吹动的搭建物，妥善安置易受大风影响的室外物品，遮盖建筑物资，做好精密仪器的密封工作。<br>3. 注意携带口罩、纱巾等防尘用品，以免沙尘对眼睛和呼吸道造成损伤。<br>4. 呼吸道疾病患者、对风沙较敏感人员不要到室外活动。 |
| | 6小时内可能出现强沙尘暴天气（能见度小于500米），或者已经出现强沙尘暴天气并可能持续。 | 1. 政府及相关部门按照职责做好防沙尘暴应急工作。<br>2. 停止露天活动和高空、水上等户外危险作业。<br>3. 机场、铁路、高速公路等单位采取交通安全防护措施，驾驶人员注意沙尘暴变化，小心驾驶。<br>4. 行人注意尽量少骑自行车，户外人员应当戴好口罩、纱巾等防尘用品，注意交通安全。 |

| 图例 | 含义 | 防御指南 |
|---|---|---|
| | 6小时内可能出现特强沙尘暴天气（能见度小于50米），或者已经出现特强沙尘暴天气并可能持续。 | 1. 政府及相关部门按照职责做好防沙尘暴应急抢险工作。<br>2. 人员应当留在防风、防尘的地方，不要在户外活动。<br>3. 学校、幼儿园推迟上学或者放学，直至特强沙尘暴结束。<br>4. 飞机暂停起降，火车暂停运行，高速公路暂时封闭。 |

## 9.高温的防御及应急避险措施

**预防高温，应注意：**

 尽量避免或减少户外活动，尤其是10~16时不要在烈日下外出。

🛢 避免过度疲劳，保证充足的睡眠和休息。

🛢 加强个人防护，外出戴遮阳帽或打遮阳伞。

🛢 要注意补充水分，多喝凉茶、淡盐水等消暑饮料。

🛢 随身带上一些必要的防暑药物，如人丹、清凉油、风油精等，身体出现不适可及时使用。

🛢 勿打赤膊，以免吸收更多的辐射热。

🛢 最好选择易吸汗、宽松、透气的衣服，要注意勤洗勤换。大汗淋漓时要稍事休息再用温水沐浴，不要使用冷水。

🛢 注意对特殊人群，特别是老人和小孩的关照，高温天气容易诱发老年人心脑血管疾病和小儿不良症状。

如出现头晕、恶心、口干、神志不清、胸闷气短等情况，有可能是中暑早期症状，可采取以下应急处置措施：

🛢 应立即转移至阴凉通风的地方，解开衣扣，平卧休息。

🛢 适量补充淡盐水、绿豆汤等饮品，还可服用藿香正气水、十滴水等解暑药物，也可在额头或太阳穴擦涂清凉油。避免喝酒或咖啡等饮品而加速虚脱。

🛢 用冷水毛巾敷头部，也可用30%的酒精擦身降温。

对于重症中暑者，应尽快将冰袋放在患者头部、腋下等处降温，或用凉水反复擦拭皮肤。对昏迷者可用手指掐压其人中穴，并迅速将其送往医院治疗。

高温预警信号

| 图例 | 含义 | 防御指南 |
|---|---|---|
| 高温 黄 HEAT WAVE | 连续三天日最高气温将在35℃以上。 | 1. 有关部门和单位按照职责做好防暑降温准备工作。<br>2. 午后尽量减少户外活动。<br>3. 对老、弱、病、幼人群提供防暑降温指导。<br>4. 高温条件下作业和白天需要长时间进行户外露天作业的人员应当采取必要的防护措施。 |
| 高温 橙 HEAT WAVE | 24小时内最高气温将升至37℃以上。 | 1. 有关部门和单位按照职责落实防暑降温保障措施。<br>2. 尽量避免在高温时段进行户外活动，高温条件下作业的人员应当缩短连续工作时间。<br>3. 对老、弱、病、幼人群提供防暑降温指导，并采取必要的防护措施。<br>4. 有关部门和单位应当注意防范因用电量过高，以及电线、变压器等电力负载过大而引发的火灾。 |

续表

| 图例 | 含义 | 防御指南 |
|------|------|----------|
| | 24小时内最高气温将升至40℃以上。 | 1. 有关部门和单位按照职责采取防暑降温应急措施。<br>2. 停止户外露天作业（除特殊行业外）。<br>3. 对老、弱、病、幼人群采取保护措施。<br>4. 有关部门和单位要特别注意防火。 |

## 10. 雾/霾天气的防御及应急避险措施

**雾/霾天气时，应注意：**

 减少户外活动，尤其是有呼吸道和心肺疾病的患者，应尽量留在室内。应停止晨练，避免在雾/霾中长时间停留。

 外出时要尽量戴口罩，霾天气时最好戴对PM$_{2.5}$有防护作用的口罩。霾天气下外出归来时应立即洗手、洗

> 雾/霾外出时要尽量戴口罩。

脸、漱口，清理鼻腔，擦洗裸露的皮肤。

🚽 在室内时要关闭门窗，在霾天气时可以使用空气净化器，改善室内空气质量。

🚽 大雾天气容易造成室内一氧化碳中毒，依靠室内煤炉取暖的居民要做好通风措施。

🚽 能见度较低时，驾驶汽车要打开前后雾灯、尾灯，降低车速，勤鸣喇叭警示行人和车辆，注意行车安全，切忌开快车。

🚽 公路、机场、轮渡码头等交通单位要加强调度，时刻注意雾/霾预警，必要时可封路或停航，保障交通安全。

☺ 注意对特殊人群，特别是老人和小孩的关照，雾/霾天容易诱发呼吸系统和心肺疾病以及小儿不良症状，发病时要及时就医。

☺ 饮食要清淡，多喝水，多吃新鲜蔬菜和水果，这样不仅可补充各种维生素和无机盐，还能起到润肺降燥、祛痰止咳、健脾补肾的作用。少吃刺激性食物，多吃梨、枇杷、橙子、橘子等清肺化痰食品。

## 雾预警信号

| 图例 | 含义 | 防御指南 |
|---|---|---|
| 大雾 黄 HEAVY FOG | 12小时内可能出现能见度＜500米的雾，或者已经出现能见度＜500米、≥200米的雾并将持续。 | 1. 有关部门和单位按照职责做好防雾准备工作。 2. 机场、高速公路、轮渡码头等单位加强交通管理，保障安全。 3. 驾驶人员注意雾的变化，小心驾驶。 4.户外活动注意安全。 |

93

| 图例 | 含义 | 防御指南 |
|------|------|----------|
| 大雾 橙 HEAVY FOG | 6小时内可能出现能见度<200米的雾，或者已经出现能见度<200米、≥50米的雾并将持续。 | 1. 有关部门和单位按照职责做好防雾工作。<br>2. 机场、高速公路、轮渡码头等单位加强调度指挥。<br>3. 驾驶人员必须严格控制车、船的行进速度。<br>4. 减少户外活动。 |
| 大雾 红 HEAVY FOG | 2小时内可能出现能见度<50米的雾，或者已经出现能见度<50米的雾并将持续。 | 1. 有关部门和单位按照职责做好防雾应急工作。<br>2. 有关单位按照行业规定适时采取交通安全管制措施，如机场暂停飞机起降、高速公路暂时封闭、轮渡暂时停航等。<br>3. 驾驶人员根据雾天行驶规定，采取雾天预防措施，根据环境条件采取合理行驶方式，并尽快寻找安全停放区域停靠。<br>4. 不要进行户外活动。 |

94

## 霾预警信号

| 图例 | 含义 | 防御指南 |
|------|------|----------|
| ∞ 霾 黄 HAZE | 标准：预计未来24小时内可能出现下列条件之一并将持续或实况已达到下列条件之一并可能持续：<br>（1）能见度＜3 000米且相对湿度＜80%的霾。<br>（2）能见度＜3 000米且相对湿度≥80%，PM$_{2.5}$浓度＞115微克/立方米且≤150微克/立方米。<br>（3）能见度＜5 000米，PM$_{2.5}$浓度＞150微克/立方米且≤250微克/立方米。<br>预报用语：预计未来24小时内将出现中度霾，易形成中度空气污染。 | 1. 空气质量明显降低，人员需适当防护。<br>2. 一般人群适量减少户外活动，儿童、老人及易感人群应减少外出。 |

95

| 图例 | 含义 | 防御指南 |
|---|---|---|
| | 标准：预计未来24小时内可能出现下列条件之一并将持续或实况已达到下列条件之一并可能持续：<br>（1）能见度＜2 000米且相对湿度＜80%的霾。<br>（2）能见度＜2 000米且相对湿度≥80%，$PM_{2.5}$浓度＞150微克/立方米且≤250微克/立方米。<br>（3）能见度＜5 000米，$PM_{2.5}$浓度＞250微克/立方米且≤500微克/立方米。<br>预报用语：预计未来24小时内将出现重度霾，易形成重度空气污染。 | 1. 空气质量差，人员需适当防护。<br>2. 一般人群减少户外活动，儿童、老人及易感人群应尽量避免外出。 |

| 图例 | 含义 | 防御指南 |
|---|---|---|
| | 标准：预计未来24小时内可能出现下列条件之一并将持续或实况已达到下列条件之一并可能持续：<br>（1）能见度<1 000米且相对湿度<80%的霾。<br>（2）能见度<1 000米且相对湿度≥80%，$PM_{2.5}$浓度>250微克/立方米且≤500微克/立方米。<br>（3）能见度<5 000米，$PM_{2.5}$浓度>500微克/立方米。<br>预报用语：预计未来24小时内将出现严重霾，易形成严重空气污染。 | 1. 政府及相关部门按照职责采取相应措施，控制污染物排放。<br>2. 空气质量很差，人员需加强防护。<br>3. 一般人群避免户外活动，儿童、老人及易感人群应当留在室内。<br>4. 机场、高速公路、轮渡码头等单位加强交通管理，保障安全。<br>5. 驾驶人员谨慎驾驶。 |

97

# 四、典型案例

Dianxing Anli

# 典型案例

1. 2016 年 6 月 23 日江苏盐城特大龙卷风、冰雹灾害
2. 2012 年 7 月 21 日北京特大暴雨洪涝灾害
3. 2009 年 8 月第 8 号强台风"莫拉克"灾害
4. 2007 年 5 月 23 日重庆开县雷电灾害

## 1. 2016年6月23日江苏盐城特大龙卷风、冰雹灾害

2016年6月23日下午14时30分左右，江苏省盐城市阜宁、射阳等地遭遇强雷电、暴雨、冰雹、龙卷风等历史罕见的强对流天气袭击。龙卷风强度为EF4级（龙卷风总共分为6级，最低为EF0级，最高为EF5级），风力超过了17级，估算风速达到了惊人的73米/秒——这个速度已接近中国高铁的速度。强对流天气过程造成当地局部区域供电中断，部分基站铁塔倾倒、通信电缆受损。水、电、道路等基础设施受损严重，工农业生产、旅游景区均遭受重大损失。

此次龙卷风、冰雹特别重大灾害，共造成99人死亡、846人受伤，近3万人紧急转移安置，2 093户6 049间房屋倒塌，6 800户2.45万间房屋不同程度受损。

## ● 事故教训 ●

　　要重视气象、水文等政府部门发布的预警信息，采取一定的防护措施，包括取消露天集体活动或室内大型集会，做好人员疏散工作，停止户外作业。妥善安置室外物品，关紧门窗。做好危旧房屋及可能受淹的低洼地区居民

的转移工作。

尽量待在室内，切勿随意外出。在室外时要注意躲避临时搭建物、广告牌等，以防被砸伤。及时采取一定的防雷措施，不要在山顶等高处停留。驾驶车辆时尽快将车停到隐蔽处，水上作业时应立即上岸避风避雨。

## 2. 2012年7月21日北京特大暴雨洪涝灾害

2012年7月21日至22日8时左右，北京及其周边地区遭遇61年来最强暴雨及洪涝灾害。本次降雨总量之多、强度之大、历时之长、局部洪水之巨均是历史罕见。

截至2012年8月6日，北京共有79人因此次暴雨遇难。北京市政府举行的灾情通报会的数据显示，此次暴雨导致北京受灾面积16 000平方千米、成灾面积14 000平方千米，全市受灾人口190万人，其中房山区80万人；全市道路、桥梁、水利工程多处受损，多条铁路线路及航站楼停运，全市民房多处倒塌，几百辆汽车受损。暴雨给基础设施的正常运行和居民正常生活造成了重大影响，水利、农业、林业等都不同程度受灾，经济损失116.4亿元。

## ● 事故教训 ●

暴雨来临时尽量待在室内，注意用电安全。如要外出，千万不要在低洼处停留，尽量不要驾车。

政府部门亟待提升城市防范涝灾的能力。城市应该根据不同区域的地理条件、人口密度以及建筑物的分布，设定不同的防汛建设标准，不断加强城市地下管道的建设和配套管理，完善城市内涝防御应急体系建设。

### 3. 2009年8月第8号强台风"莫拉克"灾害

2009年8月4日开始，第8号强台风"莫拉克（Morakot）"先后袭击了我国东南部多个省市。台湾、福建和浙江等地区以及周边海域的阵风有12~15级。台湾南部遭遇了50多年来最强的一次降水天气过程，全岛过程雨量普遍达500~1 500毫米，其中嘉义县阿里山的总雨量达3 000毫米。如此强的罕见特大暴雨导致台湾中南部地区洪水、泥石流等灾害泛滥，造成极其严重的人员伤亡和财产损失。台风登陆期间恰逢天文大潮，福建、浙江等地的沿海地区风大浪高，潮位高涨，多个县市的海堤均出现险情。

"莫拉克"台风使台湾高雄县甲仙乡小林村遭遇泥石流严重侵袭，短短几分钟一个村庄就几乎被从地图上抹去，有近400人罹难。另据浙江省民政厅和省防汛抗旱指挥部消息，截至2009年8月10日16时的统计，浙江全省因受"莫拉克"台风袭击，共有受灾人口692.7万人，因灾死亡4人、失踪2人、紧急转移87.8万人，直接经济损失74.6亿元。

## ● 事故教训 ●

　　当台风来临前，要利用各类媒体做好宣传，让公众对台风有清晰的认识。根据台风预警信号等级，按照避险措施要求，各级部门及个人应做好防范工作，确保安全。台风来临时，民众一定要听从指挥，尽量待在室内，不要冒险外出，以避免人身受伤害。

## 4. 2007年5月23日重庆开县雷电灾害

2007年5月23日16时34分重庆市开县义和镇兴业村小学突遭雷击，共造成7名学生死亡、44名学生受伤，其中5人重伤。

重庆市是全国多雷暴的地区之一，每年的雷暴日多达51天，而开县被称为重庆的"雷极"。2007年5月23日，从14时到24时，10小时内开县一共发生雷闪268次；16时至16时30分，在兴业村小学附近6千米范围就集中发生了162次雷击闪电。此次雷电事件之所以造成这么大的人员伤亡，主要是气象、地理地形、环境、自身防雷能力4个方面因素综合作用的结果。

## ◦ 事故教训 ◦

　　首先，要采用综合防雷技术，将防雷工程作为系统工程进行规范设计、认真施工、严格验收、日常维护、定期检测，确保防雷装置安全有效。

其次，要建立各项防雷装置的定期检测、雷雨后的检查和日常的维护等制度，制定相应的雷电灾害应急预案。

再次，在防雷装置的设计和建设时，应根据地质、土壤、气象、环境、被保护物的特点，以及雷电活动规律等因素综合考虑，采用安全可靠、技术先进、经济合理的设计、施工方案。

最后，应采用技术和质量均符合国家标准的防雷装置，严禁使用伪劣产品。